SUKEN NOTEBOOK

チャート式
基礎と演習　数学 II

基本・標準例題完成ノート

【式と証明，複素数と方程式，図形と方程式】

本書は，数研出版発行の参考書「チャート式 基礎と演習　数学 II＋B」の
数学 II の　第 1 章「式と証明」，第 2 章「複素数と 2 次方程式の解」，第 3 章「高次方程式」，
第 4 章「図形と方程式」，第 5 章「軌跡と領域」
の基本例題，標準例題とそれに対応した TRAINING を掲載した，書き込み式ノートです。
本書を仕上げていくことで，自然に実力を身につけることができます。

目　次

221001

1 3次式の展開と因数分解

基本 例題1 (1) 次の式を展開せよ。

(ア) $(x+5)^3$

(イ) $(3a-b)^3$

(ウ) $(3x+1)(9x^2-3x+1)$

(2) 次の式を因数分解せよ。

(ア) x^3+8

(イ) $8a^3-125b^3$

TR (基本) **1**　(1)　次の式を展開せよ。

(ア)　$(a+4)^3$

(イ)　$(2a-3b)^3$

(ウ)　$(2x-3y)(4x^2+6xy+9y^2)$

(2)　次の式を因数分解せよ。

(ア)　x^3+125

(イ)　$27p^3-8q^3$

標 準 例題 2　次の式を因数分解せよ。

(1)　x^6-y^6

(2)　$x^3+12x^2+48x+64$

TR (標準) **2**　次の式を因数分解せよ。

(1)　$2a^4b+16ab^4$

(2)　x^6+7x^3-8

(3)　$27x^3-54x^2y+36xy^2-8y^3$

2 二項定理

基本 例題 3 二項定理を用いて，次の式の展開式を求めよ。

(1) $(x-3)^4$

(2) $(2x+y)^6$

TR (基本) 3 二項定理を用いて，次の式の展開式を求めよ。

(1) $(x-2)^6$

(2) $(3x+1)^5$

(3) $(2a-3b)^4$

基本 例題 4　次の式の展開式における［　］内の項の係数を求めよ。

(1)　$(x+2)^7$　$[x^5]$

(2)　$(x-3y)^5$　$[x^2y^3]$

(3)　$(1+x^2)^6$　$[x^6]$

TR (基本) **4**　次の式の展開式における[　]内の項の係数を求めよ。

(1)　$(x-3)^6$　$[x^3]$

(2)　$(2x+3y)^5$　$[x^3y^2]$

(3)　$(x^3+1)^4$　$[x^6]$

基 本 例題 5　$(1+x)^n$ の二項定理による展開式を利用して，次の等式が成り立つことを証明せよ。ただし，$\boldsymbol{n}$ は自然数とする。

(1)　${}_n\mathrm{C}_0+{}_n\mathrm{C}_1+{}_n\mathrm{C}_2+\cdots\cdots+{}_n\mathrm{C}_r+\cdots\cdots+{}_n\mathrm{C}_n=2^n$

(2)　${}_n\mathrm{C}_0-{}_n\mathrm{C}_1+{}_n\mathrm{C}_2-\cdots\cdots+(-1)^r{}_n\mathrm{C}_r+\cdots\cdots+(-1)^n{}_n\mathrm{C}_n=0$

TR (基本) **5**　(1)　${}_9\mathrm{C}_0+{}_9\mathrm{C}_1+{}_9\mathrm{C}_2+\cdots\cdots+{}_9\mathrm{C}_9$ の値を求めよ。

(2)　等式 ${}_n\mathrm{C}_0-2{}_n\mathrm{C}_1+2^2{}_n\mathrm{C}_2-\cdots\cdots+(-2)^n{}_n\mathrm{C}_n=(-1)^n$ が成り立つことを証明せよ。ただし，$\boldsymbol{n}$ は自然数とする。

標 準 例題 6　次の式の展開式における［　　］内の項の係数を求めよ。

(1)　$(a+b+c)^5$　$[ab^2c^2]$

(2)　$(x-2y+3z)^6$　$[x^3y^2z]$

TR (標準) 6　次の式の展開式における［　　］内の項の係数を求めよ。

(1)　$(x+y+z)^8$　$[x^2y^3z^3]$

(2)　$(x-y-2z)^7$　$[x^3y^2z^2]$

3 多項式の割り算

基本 例題 7

➡白チャート II＋B p. 24 STEP forward

次の多項式 A，B について，A を B で割った商と余りを求めよ。

(1) $A=2x^3+1-4x$，$B=3-2x+x^2$

(2) $A=3x^3+2x^2+5$，$B=3x+5$

TR (基本) **7**　次の多項式 A，B について，A を B で割った商 Q と余り R を求めよ。また，その結果を $A=BQ+R$ の形に書け。

(1)　$A=4x^3-3x-9$，$B=2x+3$

(2)　$A=1+2x^2+2x^3$，$B=1+2x$

基本 例題 8

□ 

次の条件を満たす多項式 A，B を求めよ。

(1) A を x^2+x-3 で割ると，商が $4x-1$，余りが $13x-5$ である。

(2) $2x^3-3x^2+2x+8$ を B で割ると，商が x^2-2x+2，余りが 6 である。

TR (基本) **8**　次の条件を満たす多項式 A，B を求めよ。

(1)　A を x^2+3x-2 で割ると，商が $3x-4$，余りが $2x+5$ である。

(2)　x^3-x^2+3x+1 を B で割ると，商が $x+1$，余りが $3x-1$ である。

標 準 例題 9　$A=a^3-a^2x-8ax^2+6x^3$，$B=3x-a$ について，各式を x の多項式とみて，A を B で割った商と余りを求めよ。

TR（標準）**9**　次の各場合について，A を B で割った商と余りを求めよ。

(1)　$A=a^2+2ab+3b^2$，$B=a+b$ について

　(ア)　a の式とみる。

（イ） b の式とみる。

(2) $A=x^3+8a^3$, $B=x+2a$ x の式とみる。

(3) $A=2a^3+13ab^2-9a^2b-6b^3$, $B=2a-3b$ a の式とみる。

4 分数式とその計算

基本 例題 10 (1), (2) の分数式を約分せよ。また，(3), (4) の式を計算せよ。

(1) $\dfrac{8ab^2c}{2a^3b}$　　(2) $\dfrac{3x^2-x-2}{x^2-3x+2}$

(3) $\dfrac{x^2-4}{x^2-x}\times\dfrac{x}{x+2}$　　(4) $\dfrac{4a^2-b^2}{a^2-4b^2}\div\dfrac{2a+b}{a-2b}$

TR (基本) 10 (1), (2) の分数式を約分せよ。また，(3) ～ (5) の式を計算せよ。

(1) $\dfrac{8a^4b^3c}{12a^2c^3}$　　(2) $\dfrac{x^2+xy-2y^2}{3x^2-2xy-y^2}$

(3) $\dfrac{x-1}{(x+1)^2}\times\dfrac{x^2+x}{x^2-1}$

(4) $\dfrac{x+2}{x-2} \div \dfrac{x^2-4}{x^2-x-2}$

(5) $\dfrac{x^3-1}{x^2-x+1} \div \dfrac{x^2+x+1}{x^2-1} \times \dfrac{x^3+1}{x^2-2x+1}$

基 本 例題 11 次の式を計算せよ。

(1) $\dfrac{x^2}{x+1} - \dfrac{1}{x+1}$

(2) $\dfrac{x-2}{x^2-x}+\dfrac{3}{x^2+x-2}$

TR (基本) **11**　次の式を計算せよ。

(1) $\dfrac{2x}{x^2-a^2}-\dfrac{2a}{x^2-a^2}$

(2) $\dfrac{2}{x-1}-\dfrac{2x+5}{x^2+2x-3}$

(3) $\dfrac{2x-1}{x^2+4x}+\dfrac{8-x}{x^2+2x-8}$

(4) $\dfrac{2}{x+1}+\dfrac{2x}{x-1}-\dfrac{x^2+3}{x^2-1}$

標 準 例題 12 次の式を簡単にせよ。

(1) $\dfrac{x-\dfrac{1}{x}}{1-\dfrac{1}{x}}$

(2) $\dfrac{a+3}{a-\dfrac{3}{a+2}}$

TR(標準)**12**　次の式を簡単にせよ。

(1) $\dfrac{a+2}{a-\dfrac{2}{a+1}}$　　(2) $\dfrac{1}{x+\dfrac{1}{x-\dfrac{1}{x}}}$

標 準 例題 13　$\dfrac{1}{(x-1)(x+1)}+\dfrac{1}{(x+1)(x+3)}+\dfrac{1}{(x+3)(x+5)}$ を計算せよ。

TR (標準) **13**　次の式を計算せよ。

(1)　$\dfrac{1}{(x+1)(x+2)}+\dfrac{1}{(x+2)(x+3)}+\dfrac{1}{(x+3)(x+4)}$

(2)　$\dfrac{1}{(a-3)a}+\dfrac{1}{a(a+3)}+\dfrac{1}{(a+3)(a+6)}$

5 恒等式

基本 例題 14

□ 解説動画

等式 $3x^2-2x-1=a(x+1)^2+b(x+1)+c$ が，x についての恒等式であるように，定数 a，b，c の値を定めよ。

TR (基本) **14**　次の等式が x についての恒等式であるように，定数 a，b，c の値を定めよ。

(1)　$(a+b-3)x^2+(2a-b)x+3b-c=0$

(2)　$x^2-x-3=a(x-1)^2+b(x-1)+c$

標準 例題 15　等式 $x^2+2x-1=a(x+3)^2+b(x+3)+c$ が，x についての恒等式であるように，定数 a，b，c の値を定めよ。

TR (標準) **15**　等式 $x^3-1=a(x-1)(x-2)(x-3)+b(x-1)(x-2)+c(x-1)$ が，x についての恒等式であるように，定数 a，b，c の値を定めよ。

標 準 例題 16　次の等式が x についての恒等式であるように，定数 a，b の値を定めよ。

$$\frac{5x-1}{(x+1)(2x-1)}=\frac{a}{x+1}+\frac{b}{2x-1}$$

TR (標準) **16**　次の等式が x についての恒等式であるように，定数 a，b，c の値を定めよ。

(1) $\dfrac{4x+5}{(x+2)(x-1)}=\dfrac{a}{x+2}+\dfrac{b}{x-1}$

(2) $\dfrac{3x+2}{x^2(x+1)}=\dfrac{a}{x}+\dfrac{b}{x^2}+\dfrac{c}{x+1}$

6 等式・不等式の証明

基本 例題 17 次の等式を証明せよ。

(1) $(a+b)(a^3+b^3)-(a^2+b^2)^2=ab(a-b)^2$

(2) $(a^2-b^2)(c^2-d^2)=(ac+bd)^2-(ad+bc)^2$

TR (基本) 17 次の等式を証明せよ。

(1) $a^4+4b^4=\{(a+b)^2+b^2\}\{(a-b)^2+b^2\}$

(2) $a^2+b^2+c^2-ab-bc-ca=\frac{1}{2}\{(a-b)^2+(b-c)^2+(c-a)^2\}$

(3) $(a^2+b^2)(c^2+d^2)=(ac+bd)^2+(ad-bc)^2$

基本 例題 18 $a+b+c=0$ のとき，次の等式が成り立つことを証明せよ。

$$a^2-bc=b^2-ca$$

TR (基本) **18** $a+b+c=0$ のとき，次の等式が成り立つことを証明せよ。

(1) $a^2+b^2=c^2-2ab$

(2) $(a+b)(b+c)(c+a)+abc=0$

(3) $a^3+b^3+c^3-3abc=0$

標 準 例題 19　$\dfrac{a}{b}=\dfrac{c}{d}$ のとき，次の等式が成り立つことを証明せよ。

(1)　$\dfrac{2a+c}{2b+d}=\dfrac{2a-c}{2b-d}$

(2)　$ab(c^2+d^2)=cd(a^2+b^2)$

TR (標準) 19　$a:b=c:d$ のとき，次の等式が成り立つことを証明せよ。

(1)　$\dfrac{a}{b}=\dfrac{2a+3c}{2b+3d}$

(2)　$\dfrac{a+c}{b+d}=\dfrac{ad+bc}{2bd}$

基本 例題 20　$a>b$，$c>d$ のとき，次の不等式が成り立つことを証明せよ。

(1)　$a+c>b+d$

(2)　$8a-5b>5a-2b$

(3)　$ac+bd>ad+bc$

TR (基本) 20　次のことを証明せよ。

(1)　$a>b>0$，$c>d>0$ のとき　$ac>bd$，$\frac{a}{d}>\frac{b}{c}$

(2)　$a>b$ のとき　$\dfrac{8a+3b}{11}>\dfrac{a+b}{2}$

(3)　$a>b>c>d$ のとき　$ab+cd>ac+bd$

基本 例題 21

□ 

次の不等式を証明せよ。また，等号が成り立つときを調べよ。

(1)　$a^2+b^2\geqq ab$

(2)　$x^2+y^2\geqq 2(x+y-1)$

TR (基本) **21**　次の不等式を証明せよ。また，(2)，(3) は等号が成り立つときを調べよ。

(1)　$2x^2-4x+5>0$

(2)　$a^2+2ab+4b^2 \geqq 0$

(3)　$(a^2+b^2)(x^2+y^2) \geqq (ax+by)^2$

標 準 例題 22　次の不等式を証明せよ。また，等号が成り立つときを調べよ。

$$a^2+b^2+c^2 \geqq ab+bc+ca$$

TR (標準) **22**　$(a^2+b^2+c^2)(x^2+y^2+z^2) \geqq (ax+by+cz)^2$ が成り立つことを示せ。

基本 例題 23　$a>0$, $b>0$ のとき，次の不等式が成り立つことを証明せよ。

$$\sqrt{2(a+b)} \geqq \sqrt{a}+\sqrt{b}$$

TR (基本) 23　$a>0$, $b>0$ のとき，次の不等式が成り立つことを証明せよ。

(1)　$\sqrt{a}+\sqrt{b}>\sqrt{a+b}$

(2)　$2\sqrt{a}+3\sqrt{b}>\sqrt{4a+9b}$

(3)　$a>b$ のとき　　$\sqrt{a}-\sqrt{b}<\sqrt{a-b}$

標 準 例題 24　次の不等式が成り立つことを証明せよ。

$$|a|-|b| \leqq |a+b| \leqq |a|+|b|$$

TR (標準) 24　次の不等式が成り立つことを証明せよ。

(1)　$|a|-|b| \leqq |a-b|$

(2) $|a+b+c| \leqq |a|+|b|+|c|$

(3) $|a|+|b| \leqq \sqrt{2}\sqrt{a^2+b^2}$

基本 例題 25　$a>0$ のとき，不等式 $a+\dfrac{1}{4a}\geqq 1$ が成り立つことを証明せよ。また，等号が成り立つときを調べよ。

TR (基本) **25**　$a>0$，$b>0$ のとき，次の不等式が成り立つことを証明せよ。また，等号が成り立つときを調べよ。

(1)　$a+\dfrac{9}{a}\geqq 6$

(2)　$\dfrac{6b}{a}+\dfrac{2a}{3b}\geqq 4$

標 準 例題 26　$x>0$, $y>0$ のとき，不等式 $\left(x+\dfrac{1}{y}\right)\left(y+\dfrac{4}{x}\right)\geqq 9$ が成り立つことを証明せよ。また，等号が成り立つときを調べよ。

TR (標準) **26**　$a>0$, $b>0$ のとき，不等式 $\left(\dfrac{a}{4}+\dfrac{1}{b}\right)\left(\dfrac{9}{a}+b\right)\geqq \dfrac{25}{4}$ が成り立つことを証明せよ。また，等号が成り立つときを調べよ。

7 複素数とその計算

基本 例題 33 次の計算をせよ。

(1) $(3-2i)+(2+5i)$

(2) $(3-2i)-(2+5i)$

(3) $(3-2i)(2+5i)$

(4) $(1+i)^4$

TR (基本) 33 次の計算をせよ。

(1) $(7-3i)+(-2+11i)$

(2) $(5-2i)-(3-8i)$

(3) $(-6+5i)(1+2i)$

(4) $(3+4i)(3-4i)$

(5) $(1+i)(2-i)-(2+i)(3-i)$

(6) $(1-i)^8$

基本 例題 34 (1) 次の複素数と共役な複素数をいえ。

(ア) $4+7i$

(イ) $-2-5i$

(ウ) $-4i$

(エ) 6

(2) $x=3+2i$, $y=3-2i$ とするとき，$x+y$, xy, x^2+y^2 の値を，それぞれ求めよ。

TR (基本) 34　次の各数と，それぞれに共役な複素数との和・積を求めよ。

(1)　$-2+3i$　　(2)　$5-4i$

(3)　$6i$　　(4)　-3

基本 例題 35　次の計算の結果を $a+bi$ の形で表せ。

(1)　$\dfrac{1+3i}{3+i}$　　(2)　$\dfrac{1-2i}{3i}$

(3)　$\dfrac{3+i}{2-i}+\dfrac{2-i}{3+i}$

TR (基本) **35**　次の計算の結果を $a+bi$ の形で表せ。

(1)　$\frac{1}{i}$, $\frac{1}{i^2}$, $\frac{1}{i^3}$

(2)　$\frac{5i}{3+i}$

(3)　$\frac{9+2i}{1-2i}$

(4)　$\frac{2-i}{3+i}-\frac{5+10i}{1-3i}$

基本 例題 36

□ 

次の等式を満たす実数 x, y の値を求めよ。

$$(2+3i)x+(4+5i)y=6+7i$$

TR (基本) **36** 次の等式を満たす実数 x, y の値を，それぞれ求めよ。

(1) $(3+i)x+(1-i)y=5+3i$

(2) $(2+i)(x+yi)=3-2i$

基 本 例題 37　(1)　次の数の平方根を求めよ。

(ア)　-7　　(イ)　-48

(2)　次の計算をせよ。

(ア)　$\sqrt{-9}+\sqrt{-16}$　　(イ)　$\sqrt{-3}\times\sqrt{-27}$

(ウ)　$\dfrac{\sqrt{15}}{\sqrt{-3}}$

TR (基本) **37**　(1) ～ (3) の数の平方根を求めよ。また，(4) ～ (6) の計算をせよ。

(1)　-10　　(2)　-36　　(3)　-75

(4)　$\sqrt{5}\times\sqrt{-20}$　　(5)　$\dfrac{\sqrt{-72}}{\sqrt{-8}}$

(6)　$\dfrac{\sqrt{-28}}{\sqrt{7}}$

8 2次方程式の解

基本 例題 38 次の2次方程式を解け。

(1) $2x^2+48=0$

(2) $6x^2-x-2=0$

(3) $2x^2-5x+1=0$

(4) $6x^2-12x+15=0$

TR (基本) 38 次の2次方程式を解け。

(1) $9x^2+4=0$

(2) $2x^2+x-3=0$

(3) $x^2+x-1=0$

(4) $9x^2-8x+2=0$

(5) $x^2-\sqrt{2}x+4=0$

標 準 例題 39 次の 2 次方程式の解の種類を判別せよ。ただし，(4) の k は定数とする。

(1) $x^2-5x+3=0$

(2) $4x^2+28x+49=0$

(3) $13x^2-12x+3=0$

(4) $x^2+6x+3k=0$

TR (標準) **39**　次の 2 次方程式の解の種類を判別せよ。ただし，(4) の k は定数とする。

(1)　$2x^2+3x-1=0$

(2)　$25x^2+40x+16=0$

(3)　$3x^2-4x+2=0$

(4)　$x^2+2kx+4=0$

標 準 例題 40　k は定数とする。x の方程式 $kx^2-2x-k=0$ の解の種類を判別せよ。

TR (標準) **40**　k は定数とする。x の方程式 $kx^2+4x-4=0$ の解の種類を判別せよ。

基本 例題 41

➡白チャート Ⅱ+B $p.$ 77 ズームUP−review−

(1)　2 次方程式 $x^2+2kx+k+2=0$ が虚数解をもつように，定数 k の値の範囲を定めよ。

(2)　2 次方程式 $x^2+(5-k)x-2k+7=0$ が重解をもつように，定数 k の値を定めよ。
また，そのときの重解を求めよ。

TR (基本) **41**　2 次方程式 $4x^2+4(m+2)x+9m=0$ について，次の問いに答えよ。

(1)　2 つの虚数解をもつとき，定数 m の値の範囲を求めよ。

(2)　重解をもつとき，定数 m の値とそのときの重解を求めよ。

9 解と係数の関係

基本 例題 42 次の 2 次方程式の 2 つの解の和と積を，それぞれ求めよ。

(1) $x^2+4x+7=0$

(2) $2x^2-5x+1=0$

(3) $-x^2+3x-5=0$

(4) $9x^2+6x+1=0$

TR (基本) 42 次の 2 次方程式の 2 つの解の和と積を，それぞれ求めよ。

(1) $x^2-4x-3=0$

(2) $2x^2-3x+6=0$

(3) $3x^2=5-4x$

基本 例題 43

□ 

2 次方程式 $x^2-3x+4=0$ の 2 つの解を α，β とするとき，次の式の値を求めよ。

(1) $\alpha^2+\beta^2$

(2) $\alpha^3+\beta^3$

(3) $\left(\dfrac{1}{\alpha}-\dfrac{1}{\beta}\right)^2$

TR (基本) **43**　$2x^2-5x+4=0$ の 2 つの解を α，β とするとき，次の式の値を求めよ。

(1) $\alpha\beta^2+\alpha^2\beta$

(2) $\alpha^2+\beta^2$

(3)　$\alpha^3+\beta^3$

(4)　$(\alpha-\beta)^2$

(5)　$\dfrac{1}{\alpha}+\dfrac{1}{\beta}$

(6)　$\dfrac{\beta}{\alpha}+\dfrac{\alpha}{\beta}$

基本 例題 44　2 次方程式 $x^2-3x-5m+22=0$ の 1 つの解が他の解の 2 倍であるとき，定数 m の値と 2 つの解を求めよ。

TR (基本) **44**　2 次方程式 $3x^2+6x+m=0$ の 2 つの解が次の条件を満たすとき，定数 m の値と 2 つの解を，それぞれ求めよ。

(1)　1 つの解が他の解の 3 倍である。

(2)　2 つの解の比が 2 : 3 である。

基本 例題 45　次の 2 次式を，複素数の範囲で因数分解せよ。

(1)　$2x^2-3x-4$　　(2)　x^2-2x+2

TR (基本) **45**　次の 2 次式を，複素数の範囲で因数分解せよ。

(1)　x^2-3x-3　　(2)　$2x^2+4x-1$

(3)　$2x^2-3x+2$

基本 例題 46　次の 2 数を解とする 2 次方程式を 1 つ作れ。

(1)　$-2,\ 5$

(2)　$2-\sqrt{5},\ 2+\sqrt{5}$

(3)　$-1-3i,\ -1+3i$

TR (基本) 46　次の 2 数を解とする 2 次方程式を 1 つ作れ。

(1)　$-\dfrac{3}{2},\ \dfrac{4}{3}$

(2)　$\dfrac{3-\sqrt{2}}{2},\ \dfrac{3+\sqrt{2}}{2}$

(3) $\dfrac{2-\sqrt{5}\,i}{3}$, $\dfrac{2+\sqrt{5}\,i}{3}$

標 準 例題 47 和と積が，次のようになる 2 数を求めよ。

(1) 和が 2，積が -4

(2) 和が 6，積が 13

TR (標準) **47**　和と積が，次のようになる 2 数を求めよ。

(1)　和が 2，積が -2

(2)　和が -6，積が 2

(3)　和が 4，積が 5

(4)　和が -1，積が 2

標 準 例題 48　2 次方程式 $x^2+2x-4=0$ の 2 つの解を α，β とするとき，$\alpha+2$ と $\beta+2$ を 2 つの解とする 2 次方程式を 1 つ作れ。

TR (標準) 48　2 次方程式 $2x^2-3x+5=0$ の 2 つの解を α，β とするとき，$\dfrac{1}{\alpha}$，$\dfrac{1}{\beta}$ を解とする 2 次方程式は，$5x^2-$ ア［　　］$x+$ イ［　　］$=0$ となる。

また，α^2，β^2 を解とする 2 次方程式は，$4x^2+$ ウ［　　］$x+$ エ［　　］$=0$ である。

標 準 例題 49 2次方程式 $x^2-2ax+3a-2=0$ が異なる2つの正の解をもつとき，定数 a の値の範囲を求めよ。

TR (標準) **49**　2 次方程式 $x^2+2(m-1)x+2m^2-5m-3=0$ が次の条件を満たすように，定数 m の値の範囲を定めよ。

(1)　2 つの正の解をもつ。

(2) 異なる 2 つの負の解をもつ。

(3) 異符号の解をもつ。

10 剰余の定理と因数定理

基本 例題 55

➡白チャート Ⅱ＋B p. 98 STEP forward

(1) 多項式 $P(x)=4x^3-2x^2-5x+3$ を次の 1 次式で割ったときの余りを求めよ。

(ア) $x+1$

(イ) $2x-1$

(2) 多項式 $P(x)=x^3-x^2+ax-4$ を $x+1$ で割ったときの余りが -2 であるとき，定数 a の値を求めよ。

(3) 多項式 $P(x)=3x^3-ax+b$ を $x-2$ で割ったときの余りが 24，$x+2$ で割ったときの余りが -16 であるとき，定数 a，b の値を求めよ。

TR (基本) **55**　(1)　多項式 $P(x)=2x^3-3x+1$ を次の 1 次式で割ったときの余りを求めよ。

(ア)　$x-1$

(イ)　$2x+1$

(2)　多項式 $P(x)=\frac{1}{2}x^3+ax+a^2-20$ を $x-4$ で割ったときの余りが 17 であるとき，定数 a の値を求めよ。

(3)　多項式 $P(x)=x^3+ax^2+x+b$ を $x+2$ で割ると -5 余り，$x-3$ で割ると 20 余るという。定数 a，b の値を求めよ。

標 準 例題 56

□ 

多項式 $P(x)$ を $x+2$ で割ると余りが -9, $x-3$ で割ると余りが 1 である。このとき，$P(x)$ を $(x+2)(x-3)$ で割ったときの余りを求めよ。

TR (標準) **56**　多項式 $P(x)$ を $x+2$ で割ると 3 余り，$x+3$ で割ると -2 余る。$P(x)$ を $(x+2)(x+3)$ で割ったときの余りを求めよ。

基本例題57 (1) 次のうち，多項式 $2x^3+5x^2-23x+10$ の因数であるものはどれか。

① $x-2$　② $x+1$　③ $2x-1$

(2) 次の多項式が［　］内の式で割り切れるように，定数 a，b の値を定めよ。

(ア) $x^3+2ax^2-(a-1)x-12$　$[x+3]$

(イ) x^3-x^2+ax+b　$[x^2+x-6]$

TR (基本) **57**　(1)　次のうち，多項式 $4x^3-3x-1$ の因数であるものはどれか。

①　$x-1$　　②　$x+2$　　③　$4x-1$　　④　$2x+1$

(2)　次の多項式が [　] 内の式で割り切れるように，定数 a，b の値を定めよ。

(ア)　$5x^3-4x^2+ax-2$　　$[x-2]$

(イ)　$x^3+a^2x^2+ax-1$　　$[x+1]$

(ウ)　$2x^3+x^2+ax+b$　　$[2x^2-3x+1]$

基本 例題 58　組立除法を用いて，次の多項式 A を 1 次式 B で割った商と余りを求めよ。

(1)　$A=x^3-5x+8$，$B=x+3$

(2)　$A=8x^3-2x^2-7x+6$，$B=4x-3$

TR (基本) **58**　組立除法を用いて，次の多項式 A を 1 次式 B で割った商と余りを求めよ。

(1)　$A=x^3-10x+2$，$B=x-2$

(2)　$A=2x^3-7x^2-7x+15$，$B=2x+3$

基 本 例題 59

➡ 白チャート Ⅱ＋B p. 104 STEP forward □ 解説動画

次の式を因数分解せよ。

(1)　x^3-2x^2-5x+6

(2)　$2x^3-3x^2+3x-1$

TR (基本) **59**　因数定理を用いて，次の式を因数分解せよ。

(1)　x^3+3x^2-x-3

(2)　$x^4-5x^3+5x^2+5x-6$

(3)　$6x^3+x^2+3x+2$

標 準 例題 60　$P=x^3-2x+6$ とする。

(1)　$x=1+\sqrt{2}\,i$ のとき，$x^2-2x+3=0$ であることを証明せよ。

(2)　P を x^2-2x+3 で割ったときの商と余りを求めよ。

(3)　$x=1+\sqrt{2}\,i$ のとき，P の値を求めよ。

TR (標準) **60**　$x=2+3i$ のとき，$P=x^3-5x^2+18x-11$ の値を求めよ。

11 高次方程式

基本 例題 61 次の方程式を解け。

(1) $x^3=27$

(2) $x^4-10x^2+9=0$

(3) $x^4+2x^2+4=0$

TR (基本) 61 次の方程式を解け。

(1) $x^3=-1$

(2) $x^3=64$

(3) $x^4-16=0$

(4) $x^4-3x^2+2=0$

(5) $4x^4-15x^2-4=0$

(6) $x^4+3x^2+4=0$

基本 例題 62　次の方程式を解け。

(1)　$x^3-3x^2-10x+24=0$

(2)　$x^4-9x^2+4x+12=0$

TR (基本) **62**　次の方程式を解け。

(1)　$x^3-6x^2+11x-6=0$

(2)　$x^3+x^2-8x-12=0$

(3) $2x^3+x^2+5x-3=0$

(4) $x^4-x^3-3x^2+x+2=0$

基本例題 63 (1) 1の3乗根を求めよ。

(2) 1の3乗根のうち，虚数であるものの1つを ω とする。

(ア) 虚数であるもののもう1つは ω^2 であることを示せ。

(イ) $\omega^2+\omega+1$ および $\omega^5+\omega^4$ の値をそれぞれ求めよ。

TR (基本) **63**　1 の 3 乗根のうち，虚数であるものの 1 つを ω とする。次の値を求めよ。

(1)　$\omega^6+\omega^3+1$

(2)　$\omega^{38}+\omega^{19}+1$

標 準 例題 64　3 次方程式 $x^3+ax^2-17x+b=0$ は -1 と -3 を解にもつという。

(1)　定数 a，b の値を求めよ。

(2)　この方程式の他の解を求めよ。

TR (標準) **64**　x の方程式 $x^3-ax^2+(3a-1)x-24=0$ の解のうち，1 つは $x=2$ であるという。このとき，定数 a の値と他の解を求めよ。

標 準 例題 65　a，b は実数とする。x の 3 次方程式 $x^3+ax^2+bx-4=0$ が $1+i$ を解にもつとき，定数 a，b の値と他の解を求めよ。

TR (標準) **65**　a，b は実数で，方程式 $x^3-2x^2+ax+b=0$ は $x=2+i$ を解にもつとする。このとき，a，b の値と方程式のすべての解を求めよ。

12 直線上の点

基本 例題 70 数直線上の 2 点を A(-6), B(10) とする。

(1) 2 点 A, B 間の距離を求めよ。

(2) 線分 AB を 5 : 3 に内分する点 P の座標を求めよ。

(3) 線分 AB を 7 : 11 に外分する点 Q の座標を求めよ。

(4) 線分 PQ の中点 M の座標を求めよ。

TR (基本) 70 (1) A(-3), B(7), C(2) とする。2 点 A, B 間 ; B, C 間 ; C, A 間の距離を，それぞれ求めよ。

(2) 2 点 P(-4), Q(8) を結ぶ線分 PQ を，1 : 3 に内分する点 R, 3 : 1 に外分する点 S, 線分 RS の中点 M の座標を，それぞれ求めよ。

13 平面上の点

基 本 例題 71 次の 2 点間の距離を求めよ。

(1) $(2,\ 5)$, $(8,\ -3)$ (2) $(0,\ 0)$, $(-\sqrt{3},\ 7)$

TR (基本) 71 2 点 $(-1,\ 4)$, $(2,\ 1)$ 間の距離を求めよ。

標 準 例題 72 (1) 2 点 $A(1,\ -3)$, $B(-2,\ y)$ 間の距離が $\sqrt{13}$ であるとき，y の値を求めよ。

(2)　2 点 A$(-1,\ 2)$，B$(3,\ 4)$ から等距離にある x 軸上の点 P の座標を求めよ。

TR (標準) **72**　(1)　2 点 A$(2,\ 3)$，B$(x,\ -3)$ 間の距離が 10 であるとき，x の値を求めよ。

(2)　2 点 A$(-1,\ -2)$，B$(2,\ 3)$ から等距離にある y 軸上の点 P の座標を求めよ。

標 準 例題 73　3 点 A$(5,\ -2)$，B$(1,\ 5)$，C$(-1,\ 2)$ を頂点とする △ABC がある。

(1)　3 辺の長さを求めよ。

(2)　△ABC は，どのような形の三角形か。

TR (標準) **73**　次の 3 点を頂点とする △ABC は，どのような形の三角形か。

(1)　A$(4,\ 3)$，B$(-3,\ 2)$，C$(-1,\ -2)$

(2)　A$(1,\ -1)$, B$(4,\ 1)$, C$(-1,\ 2)$

基本 例題 74

➡ 白チャート II＋B *p*. 130 STEP forward

A$(-2,\ 1)$, B$(6,\ -3)$, C$(1,\ 7)$ とするとき，次の点の座標を求めよ。

(1)　線分 BC を 3 : 2 に内分する点 P

(2)　線分 CA を 3 : 2 に外分する点 Q

(3)　線分 AB の中点 R

(4)　△PQR の重心 G

TR (基本) **74**　A$(-2,\ -3)$，B$(3,\ 7)$，C$(5,\ 2)$ とするとき，次の点の座標を求めよ。

(1)　線分 AB を 4 : 1 に内分する点

(2)　線分 BC を 2 : 3 に外分する点

(3)　線分 CA の中点

(4)　△ABC の重心

標 準 例題 75　点 A$(-2,\ 1)$ に関して，点 P$(6,\ -3)$ と対称な点 Q の座標を求めよ。

TR (標準) **75**　点 A$(-2,\ -3)$ に関して，点 P$(3,\ 7)$ と対称な点 Q の座標を求めよ。

標 準 例題 76　△ABC の辺 BC の中点を M とするとき，次の等式を証明せよ。

$$AB^2+AC^2=2(AM^2+BM^2)$$　　(中線定理)

TR (標準) **76**　△ABCにおいて，辺BCを1：2に内分する点をDとする。このとき，$2AB^2+AC^2=3AD^2+6BD^2$ が成り立つことを証明せよ。

14 直線の方程式

基本 例題 77 次のような直線の方程式を求めよ。

(1) 点 $(3,\ 0)$ を通り，傾きが 2

(2) 点 $(-1,\ 4)$ を通り，傾きが -3

(3) 点 $(3,\ 2)$ を通り，x 軸に垂直

(4) 点 $(1,\ -2)$ を通り，x 軸に平行

TR (基本) **77** 次のような直線の方程式を求めよ。

(1) 傾きが -2，y 切片が 3

(2) 点 $(4,\ 2)$ を通り，傾きが 3

(3) 点 $(-3,\ 0)$ を通り，傾きが -5

(4) 点 $(2,\ -1)$ を通り，傾きが $\dfrac{1}{2}$

(5) 点$(-2,\ 7)$を通り，x軸に垂直

(6) 点$(3,\ 2)$を通り，x軸に平行

基本 例題 78 次の2点を通る直線の方程式を求めよ。(3) では，$a \fallingdotseq 0$，$b \fallingdotseq 0$ とする。

(1) $(2,\ -3)$，$(-1,\ 1)$

(2) $(3,\ 4)$，$(3,\ 1)$

(3) $(a,\ 0)$，$(0,\ b)$

TR (基本) **78**　次の 2 点を通る直線の方程式を求めよ。

(1)　$(4,\ 4)$, $(-2,\ 5)$

(2)　$(4,\ 1)$, $(6,\ -3)$

(3)　$(3,\ 0)$, $(0,\ 5)$

(4)　$(4,\ 0)$, $(0,\ -2)$

(5)　$(2,\ 2)$, $(2,\ -8)$

(6)　$(5,\ -1)$, $(3,\ -1)$

15 2直線の関係

基本 例題 79 次の2直線は，それぞれ平行と垂直のいずれであるか。

(1) $y=2x-3$，$x+2y=5$

(2) $4x+2y=-5$，$8x+4y=9$

TR (基本) 79 次の2直線は，それぞれ平行と垂直のいずれであるか。

(1) $2x+y-1=0$，$4x+2y=2$

(2) $3x-y+2=0$，$x+3y+2=0$

(3) $3x+y+1=0$，$y=2-3x$

(4) $2x+3=0$，$y=3$

基 本 例題 80

□ 

次の直線の方程式を求めよ。

(1)　点 $(1,\ -3)$ を通り，直線 $6x+3y-5=0$ に平行な直線

(2)　点 $(-3,\ 2)$ を通り，直線 $5x-4y+2=0$ に垂直な直線

TR (基本) **80**　次の直線の方程式を求めよ。

(1)　点 $(2,\ 3)$ を通り，直線 $3x+2y+1=0$ に平行な直線

(2)　点 $(-2,\ -3)$ を通り，直線 $2x+5y=3$ に垂直な直線

標 準 例題 81　2 点 A $(0,\ 6)$, B$(4,\ 4)$ を結ぶ線分の垂直二等分線の方程式を求めよ。

TR (標準) **81**　2 点 $(-1,\ -2)$, $(3,\ 4)$ を結ぶ線分の垂直二等分線の方程式を求めよ。

標 準 例題 82　直線 $2x+y+1=0$ を ℓ とする。直線 ℓ に関して点 $\mathrm{P}(-3,\ 1)$ と対称な点 Q の座標を求めよ。

TR (標準) **82**　直線 ℓ : $y=2x-1$ に関して点 A (0, 4) と対称な点 B の座標を求めよ。

基本 例題 83

➡ 白チャート Ⅱ+B p. 144 STEP forward

次の点と直線の距離 d を求めよ。

(1) 原点，直線 $3x+2y-6=0$

(2) 点 $(2,\ -3)$，直線 $4x-3y=2$

TR (基本) 83 次の点と直線の距離を求めよ。

(1) 原点，直線 $3x+4y-12=0$

(2) 点 $(-3,\ 7)$，直線 $12x-5y=7$

(3) 点 $(1,\ 2)$，直線 $y=4$

(4) 点 $(2,\ 8)$，直線 $x=-1$

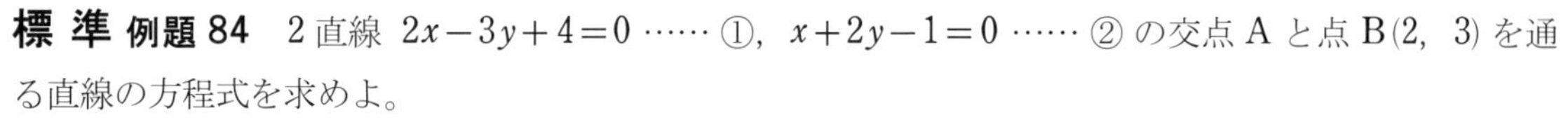

標 準 例題 84　2 直線 $2x-3y+4=0$ ……①, $x+2y-1=0$ ……② の交点 A と点 B(2, 3) を通る直線の方程式を求めよ。

TR (標準) 84　2 直線 $3x+2y-4=0$ ……①, $x+y+2=0$ ……② の交点を A とする。

(1)　点 A と点 B(3, -2) を通る直線の方程式を求めよ。

(2)　点 A を通り，直線 $x-2y+3=0$ に平行な直線の方程式を求めよ。

16 円の方程式

基本 例題 85　次のような円の方程式を求めよ。

(1)　中心が点 $(2,\ -3)$，半径が 1 の円

(2)　中心が点 $(3,\ 4)$ で，原点を通る円

(3)　2 点 $(3,\ 1)$，$(-5,\ 7)$ を直径の両端とする円

(4)　点 $(5,\ 2)$ が中心で，y 軸に接する円

TR (基本) **85**　次のような円の方程式を求めよ。

(1)　中心が点 $(-5,\ 2)$，半径が $\sqrt{2}$ の円

(2)　中心が原点で，点 $(4,\ 3)$ を通る円

(3)　2 点 $(1,\ 2)$，$(3,\ -4)$ が直径の両端である円

(4)　点 $(3,\ 4)$ が中心で，x 軸に接する円

基本例題 86 次の方程式はどのような図形を表すか。

(1) $x^2+y^2+2y-3=0$

(2) $x^2+y^2+4x-6y-4=0$

(3) $x^2+y^2-2x+4y+5=0$

(4) $x^2+y^2-4x-8y+23=0$

TR (基本) **86**　次の方程式はどのような図形を表すか。

(1)　$x^2+2x+y^2=0$

(2)　$x^2+y^2-4x-10y-20=0$

(3)　$x^2+4x+y^2+6y+13=0$

(4)　$x^2+6x+y^2+8y+28=0$

基本 例題 87

□ 

3 点 $(1,\ 3)$, $(4,\ 2)$, $(5,\ -5)$ を通る円の方程式を求めよ。

TR (基本) 87　次の 3 点を通る円の方程式を求めよ。

(1)　$(0,\ 0)$, $(1,\ -3)$, $(4,\ 0)$

(2)　$(1,\ 1)$, $(3,\ 1)$, $(5,\ -3)$

17 円と直線

基本 例題 88　円 $x^2+y^2=2$ ……[A] と次の直線との位置関係（交わる，接するなど）を調べ，共有点がある場合には，その座標を求めよ。

(1)　$y=x$

(2)　$y=x-2$

(3)　$y=x+3$

TR (基本) **88**　次の円と直線の位置関係を調べ，共有点がある場合には，その座標を求めよ。

(1)　$x^2+y^2=4$，$x+y=4$

(2)　$x^2+y^2=1$，$x-y=\sqrt{2}$

(3)　$x^2+y^2+5x+y-6=0$，$3x+y-2=0$

基 本 例題 89

□ 

円 $x^2+y^2=2$ …… ① と直線 $y=-x+k$ …… ② について

(1) 円 ① と直線 ② が共有点をもつとき，定数 k の値の範囲を求めよ。

(2) 円 ① と直線 ② が接するとき，定数 k の値と接点の座標を求めよ。

TR (基本) **89**　円 $x^2+y^2-2x=4$ ……① と直線 $y=2x+k$ ……② について

(1)　円 ① と直線 ② が共有点をもたないとき，定数 k の値の範囲を求めよ。

(2)　円 ① と直線 ② が接するとき，定数 k の値と接点の座標を求めよ。

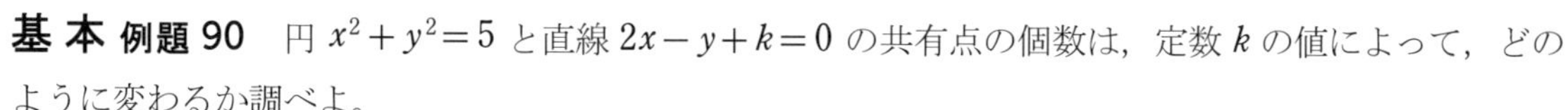

基本 例題 90　円 $x^2+y^2=5$ と直線 $2x-y+k=0$ の共有点の個数は，定数 k の値によって，どのように変わるか調べよ。

TR (基本) **90**　円 $(x-1)^2+(y-1)^2=r^2$ と直線 $y=2x-3$ の共有点の個数は，半径 r の値によって，どのように変わるか調べよ。

基 本 例題 91　円 $x^2+y^2=5$ 上の点 P(1, -2) における接線の方程式を求めよ。

TR (基本) **91**　次の円上の点 P における接線の方程式を求めよ。

(1)　$x^2+y^2=9$, P$(-2,\ \sqrt{5})$

(2)　$x^2+y^2=36$, P(0, -6)

標 準 例題 92　点 A (3, 1) から円 $x^2+y^2=2$ に引いた接線の方程式と接点の座標を求めよ。

TR (標準) **92**　点 A $(7,\ 1)$ から円 $x^2+y^2=25$ に引いた接線の方程式を求めよ。

18 2つの円の位置関係

基本 例題 93 円 $x^2+y^2=4$ を C とする。このとき，次のような円の方程式を求めよ。

(1) 中心が点 $(3,\ 4)$ で，円 C に外接する円 C_1

(2) 中心が点 $(\sqrt{2},\ -1)$ で，円 C に内接する円 C_2

TR (基本) **93**　円 $(x-1)^2+(y+2)^2=9$ を C とする。

(1)　円 $(x+1)^2+(y-1)^2=4$ を C_1 とするとき，円 C と C_1 の位置関係を調べよ。

(2)　中心が点 $(3,\ -5)$ で，円 C に外接する円 C_2 の方程式を求めよ。

(3)　中心が原点 O で，円 C に内接する円 C_3 の方程式を求めよ。

19 軌跡と方程式

基本 例題 101　2 点 A$(-3,\ 1)$，B$(3,\ -2)$ から等距離にある点 P の軌跡を求めよ。

TR (基本) 101　2 点 A$(-1,\ -2)$，B$(-3,\ 2)$ から等距離にある点 P の軌跡を求めよ。

基本 例題 102

□ 

2 点 A$(-4,\ 0)$，B$(2,\ 0)$ からの距離の比が $2:1$ である点 P の軌跡を求めよ。

TR (基本) 102　2 点 O$(0,\ 0)$，A$(3,\ 6)$ からの距離の比が $1:2$ である点 P の軌跡を求めよ。

標 準 例題 103　点 Q が放物線 $y=x^2-2x+4$ 上を動くとき，点 A (2, 2) と点 Q を結ぶ線分 QA を 3 : 2 に外分する点 P の軌跡を求めよ。

TR (標準) **103**　点 Q が円 $x^2+y^2=1$ 上を動くとき，点 A (2, 0) と点 Q を結ぶ線分の中点 P の軌跡を求めよ。

20 不等式の表す領域

基本 例題 104 次の不等式の表す領域を図示せよ。

(1) $y>x+2$

(2) $y\leqq -2x+4$

(3) $2x+3y-12<0$

(4) $x\leqq 1$

TR (基本) **104**　次の不等式の表す領域を図示せよ。

(1)　$y>2-3x$

(2)　$3x-y-5\geqq 0$

(3)　$y<3$

(4)　$x\geqq -1$

基 本 例題 105 次の不等式の表す領域を図示せよ。

(1) $x^2+y^2>4$

(2) $x^2+y^2<4$

(3) $(x-1)^2+(y+2)^2 \geqq 9$

(4) $x^2+y^2+2x-2y+1<0$

TR (基本) **105**　次の不等式の表す領域を図示せよ。

(1)　$x^2+y^2<9$

(2)　$x^2+y^2 \geqq 25$

(3)　$(x-1)^2+y^2>1$

(4)　$x^2+y^2-4x+2y+1 \leqq 0$

基本 例題 106

□ 

次の連立不等式の表す領域を図示せよ。

(1) $\begin{cases} x+2y<6 \\ 2x+y>6 \end{cases}$

(2) $\begin{cases} x^2+y^2 \leqq 4 \\ x+y<2 \end{cases}$

TR (基本) **106**　次の不等式の表す領域を図示せよ。

(1)　$\begin{cases} x-3y-9<0 \\ 2x+3y-6>0 \end{cases}$

(2)　$\begin{cases} x^2+y^2 \leqq 9 \\ x-y<2 \end{cases}$

(3)　$1<x^2+y^2 \leqq 4$

標 準 例題 107　次の不等式の表す領域を図示せよ。

$$(x^2+y^2-4)(y-x+1)<0$$

TR (標準) **107**　次の不等式の表す領域を図示せよ。

(1)　$(x+2y-2)(2x-y-4)\leqq 0$

(2)　$(x^2+y^2-9)(y-x-2)>0$

標 準 例題 108　x，y が 4 つの不等式 $x \geqq 0$，$y \geqq 0$，$x+2y \leqq 6$，$3x+2y \leqq 10$ を同時に満たすとき，$x+y$ の最大値，最小値と，それらを与える x，y の値を求めよ。

TR (標準) **108**　x，y が 3 つの不等式 $x-y \geqq -2$，$x-4y \leqq 1$，$2x+y \leqq 5$ を同時に満たすとき，$x+y$ のとりうる値の範囲を求めよ。

標 準 例題 109　$x^2+y^2<1$ ならば $x^2+y^2>4x-3$ であることを証明せよ。

TR (標準) **109**　次の命題を証明せよ。ただし，x，y は実数とする。

(1)　$x+y>\sqrt{2}$ ならば $x^2+y^2>1$

(2)　$x^2+y^2-4x+3\leqq 0$ ならば $x^2+y^2-2x-3\leqq 0$